はじめに

　有機化学は有機物質の変換の化学であり，有機反応を理解することが重要である．有機反応は電子対の組み換えで起こるので，電子がどのように動いて反応が進むのか巻矢印で表すことができる．反応においては，結合にかかわる原子価電子が，電子豊富な位置から電子不足な位置へ流れて，結合を組み換える．巻矢印で電子の流れを表して，有機反応がどのように進むか，その感覚を身につけることができれば，有機化学を楽しく学ぶことができる．

　ルイス構造式で価電子を正しく示して，共鳴による電子状態の表現法を学び，反応における電子の流れを巻矢印で表す．その技法を身につけることが必要である．そのためには，実際に自分の手を動かして，紙と鉛筆で繰り返し学習することが重要だ．このワークブックは，その学習の援助のためにルイス構造式の基本と巻矢印の使い方をどのように習得するかまとめたものである．鉛筆をもって，このワークブックで学び，巻矢印で電子を自在に動かすことができるようになれば，有機化学が楽しくなるはずだ．

　有機反応を軸にしてまとめた新しい有機化学の教科書"奥山 格 監修 有機化学"とともに，このワークブックを副読本として活用していただきたい．ワークブックの問題解答は，ウェブサイト"奥山 格 監修 有機化学 plus on Web（https://www.maruzen-publishing.co.jp/contents/yukiplus/book_magazine/yuki/web/）"に掲載してあるので参考にしてほしい．反応機構の正解は，一般に一つとは限らないので，解答はあくまでも参考に過ぎない．

　本書に関してお気づきの点があれば，同じウェブサイトの質問箱から投稿していただけるので，忌憚ないご意見を賜れば幸いである．

　本書をまとめるに当たり，いろいろとご意見をいただいた上記教科書の共著者の先生方に感謝の意を表する．また，本書のかたちを作るために御尽力いただいた丸善株式会社出版事業部の小野栄美子さんにも謝意を表する．

　2009 年 9 月

奥　山　　格

目 次

1 ルイス構造式　*1*

    1.1　ルイス構造式と有機反応　*1*

    1.2　有機分子のルイス構造式　*2*

        価電子／ルイス構造式／形式電荷／官能基／簡略化表記

    1.3　イオンとラジカルのルイス構造式　*11*

        結合の切断／カルボカチオン／カルボアニオン／ヘテロ原子イオン／ラジカル

2 共 鳴 法　*17*

    2.1　共鳴構造式の書き方　*17*

        二つのルイス構造式／アリル系／共鳴構造式の重要度／電荷分離した共鳴構造式

    2.2　ベンゼンとその誘導体　*24*

        芳香族炭化水素／ベンジルアニオンと関連化合物／ベンジルカチオンと関連化合物／ベンゼニウムイオン

3 反 応 機 構　*31*

    3.1　σ結合の切断と生成　*31*

    3.2　結合の切断と生成が同時に起こる反応　*34*

        酸塩基反応／S_N2 反応

    3.3　二重結合への付加と脱離　*38*

        カルボニル基への付加と脱離／アルケンへの付加／ベンゼンの置換反応／アルケンを生成する脱離反応

    3.4　転位反応　*49*

    3.5　エノールとエノラートイオンの反応　*51*

        エノール化／エノールとエノラートの反応

巻矢印：書き方のポイント

1. 出発点は，非共有電子対①か結合電子対②
2. 到達点は，結合原子間③か新しい非共有電子対の属する原子④
3. オクテット則に違反しない
4. 電荷（全電子数）は保存される
5. 電子対の動く向き❺を明示する
6. 電子対の動きを示す矢印は一方向に流れる❻
7. 1電子の動きは片羽矢印❼で表す（ラジカル反応）

基本的反応における巻矢印

置換：

付加：

脱離：

転位：

ラジカル反応：

1 ルイス構造式

1.1 ルイス構造式と有機反応

原子の最外殻（原子価殻）電子，すなわち**価電子**，を点で表すルイス表記は，20世紀初頭に米国の化学者 G. N. Lewis よって提案されたものであり，有機反応を理解するためにきわめて有用である．また Lewis は，**オクテット則**（原子の最外殻に 8 電子が入り，貴ガス元素と同じ電子配置になると安定化する）を提唱し，それに基づいて原子間で 2 電子を共有することによって**共有結合**が形成されるという考え方を提案した．この Lewis の提案に基づき，共有結合を線で表し，**結合に関与していない価電子（非共有電子）を点で示した分子構造式をルイス構造式**（結合電子も点で表し，電子式ということもある）という．

有機反応においては，価電子の組み換えによって結合の変化が起こっているので，ルイス構造式に基づいて，価電子の動きから反応を理解することができる．たとえば，t-ブチルアルコールを HCl と反応させて塩化 t-ブチルが得られる反応を考えよう．

(1) まず，O の非共有電子対が動いて新しい O–H 結合をつくり，H–Cl の結合電子対が新しく Cl⁻ の非共有電子対になることを二つの曲がった矢印（巻矢印）で表している．
(2) 次に C–O 結合が切れ，その結合電子対ができてくる H_2O の非共有電子対になる．
(3) 最後に，Cl⁻ がその非共有電子対を使って，カルボカチオンの C^+ と新しい C–Cl 結合をつくる．

このように有機反応を考えるには，まずルイス構造式をすらすらと正しく書けることが必須だ．有機分子の中では価電子は対になっており，結合電子対か非共有電子対として存在する．それを明示したのがルイス構造式である．これら 2 種類の電子対が反応に際して

どのように動いていくのかを巻矢印で見ながら反応を書いて行けば，なぜそのように有機反応が起こるのか理解でき，有機反応を予測できるようになる．

さあ，有機分子やイオンのルイス構造式を書くことから練習しよう．

自分で手を動かして書いてみることが理解の早道だ．

1.2 有機分子のルイス構造式

価電子： まず，各原子の**価電子の数**を正しく認識しておくことが重要だ．価電子数は，周期表の族番号あるいはそれから 10 を引き算した数に等しい（表 1.1 参照）．

表 1.1 代表的な原子の価電子数および通常の結合数と非共有電子対の数

原子（族番号）	価電子数	結合数	非共有電子対
H（1）	1	1	0
B, Al（13）	3	3	0
C, Si（14）	4	4	0
N, P（15）	5	3	1
O, S（16）	6	2	2
F, Cl, Br, I（17）	7	1	3

問 1.1 C は，第 1a____ 族元素であり，原子価殻に電子が 1b____ 個入っている．一方，第 1c____ 族元素である H の原子価殻には，電子が 1d____ 個入っている．また，第 1e____ 族元素である Cl の原子価殻には，電子が 1f____ 個入っている．したがって，これらの原子をルイス表記で表すと，次のようになる．

・Ċ・　　　　H　　　　Cl
 1g　　　　　　1h

さらに，次の原子をルイス表記で書いてみよう．

N　　F　　O　　Li　　S　　B
1i　　1j　　1k　　1l　　1m　　1n

ルイス構造式: 電荷をもたない有機分子のルイス構造式は，次の手順で書く．

> (1) 各構成原子を**分子骨格**に従って並べ，原子ごとに**価電子**の数だけ電子の点をつける．

分子における原子の結合順（並び方）は，実験によって決められるものであるが，教科書においてはすでにわかっているものとして話を進める．

メタン（CH_4）　　　　　　　　　　ギ酸（HCO_2H）

> (2) 電子を対にして結合をつくり，**単結合で原子を結ぶ**．

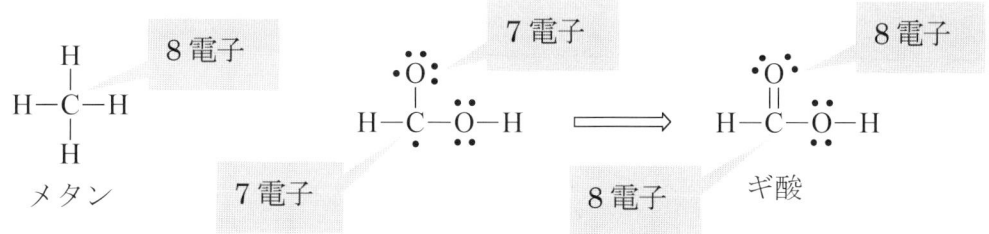

メタン　　　　　　　　　　　　　　　　　　　　　　　　　　ギ酸

ここでギ酸の場合には，O の一つと C に対になっていない電子（不対電子）が残る．そこでこれらを対にしてC=O 二重結合をつくると，表1にまとめた結合数にも一致する．すなわち，

> (3) 必要な場合には**二重結合と三重結合**を書く．

表 1.1 にまとめた**通常の有機分子の結合数**に従って書けばよい．ここで，結合しないで残った電子は対（**非共有電子対**）になる．

ニトロ基など少数の例外においては，単純にこのように書けないので (5) の説明に従う．

問 1.2 メタンの C のまわりには，4 本の結合に電子が ₂ₐ____ 個ずつあるので，電子はあわせて ₂ᵦ____ 個になる．ギ酸の C のまわりには，単結合 2 本と二重結合があるので，あわせて ₂꜀____ 個の電子がある．二つの O のまわりには，いずれも結合 2 本（単結合 2 本か二重結合）と非共有電子対 ₂d____ 組があるので，あわせて ₂ₑ____ 個の電子がある．H のまわりの電子は 2 個だけである．

(4) H以外の原子のまわりの価電子数は8電子で安定になる（オクテット則）．したがって，できるだけ多くの原子がオクテットになった構造が安定である．

オクテットにならない原子としては，第13族のB，Alなどがある．

また，SやPなどの第三周期以降の重元素は，原子価殻に8電子以上収容できるので，オクテットを超えた構造が可能である．

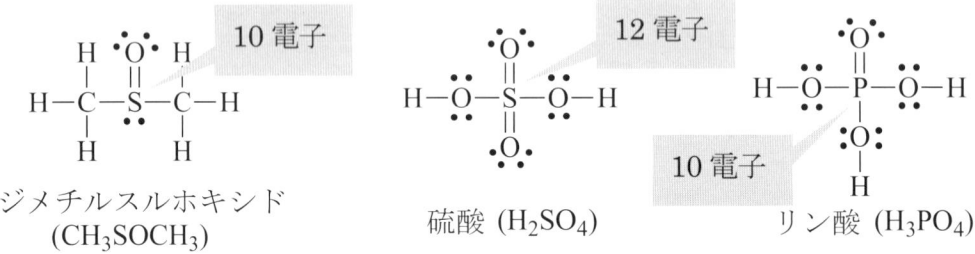

ジメチルスルホキシド (CH₃SOCH₃)　　硫酸 (H₂SO₄)　　リン酸 (H₃PO₄)

問 1.3 BとAlはいずれも ₃ₐ____ 個の価電子をもっているので，結合を ₃ᵦ____ 本だけつくり，原子のまわりの電子はあわせて ₃ᴄ____ 個になっている．アンモニアNH₃は，一見BH₃に似ているが，Nは ₃d____ 個の価電子をもっているので，3本の結合のほかに ₃ₑ_____ を1組もっている．すなわち，アンモニアのルイス構造式は次のように書けるので，Nは ₃f_____ になっている．

アンモニア（NH₃）

　　H
H–N–H ₃g ────────
　　H   （ルイス構造式）

問 1.4 ホルムアルデヒド（H₂CO）のルイス構造式を書くには，まず原子配列に従って原子を並べ，必要なだけ価電子を書く．ついで必要な結合を書き，Cは ₄ₐ____ 価（結合数）に，Oは ₄ᵦ____ 価になるようにし，各原子がオクテットになっていることを確かめる．

ホルムアルデヒド（H₂CO）

　H
　　C　O
　H

₄c ────────　　　　　₄d ────────

演習問題 1.1 次の化合物のルイス構造式を書きなさい．まず，原子ごとにすべての価電子を点で示し，ついで結合を線で表してルイス構造式を完成すること．

(a) 水（H_2O）

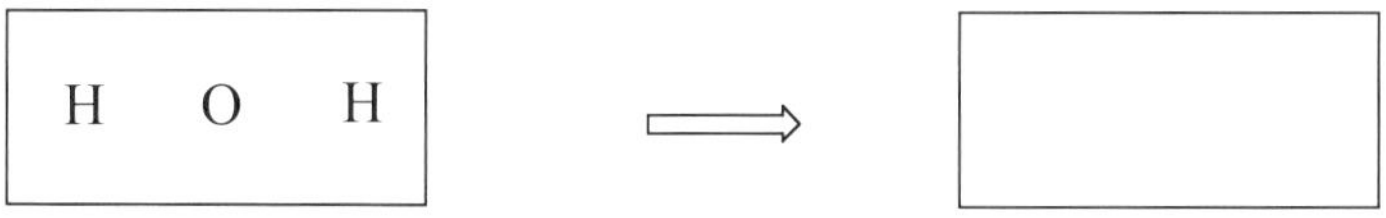

H　O　H　⟹

(b) メタノール（CH_3OH）

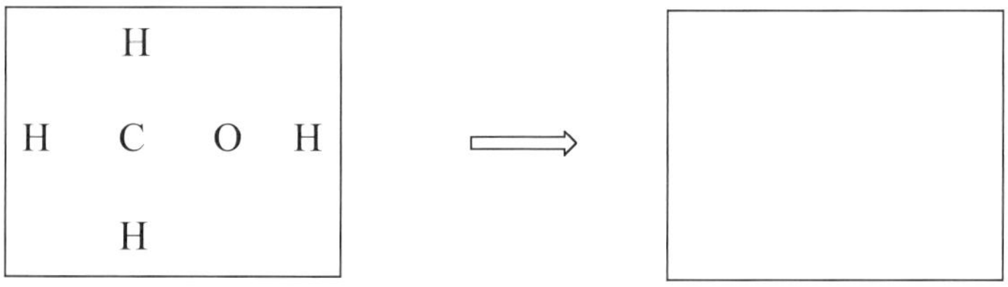

```
     H
H    C    O    H
     H
```
⟹

(c) 二酸化炭素（CO_2）

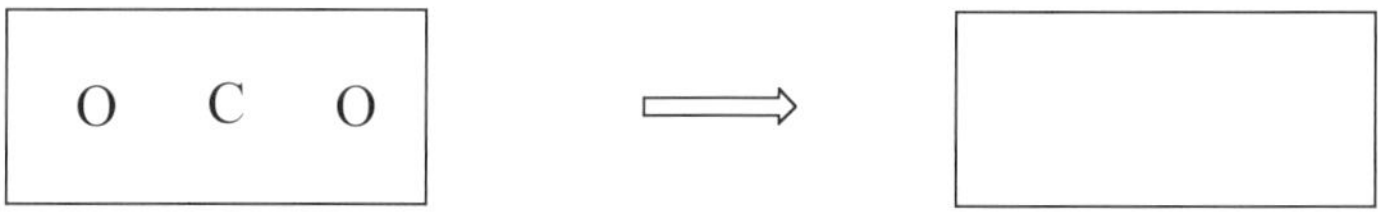

O　C　O　⟹

(d) メチルアミン（CH_3NH_2）

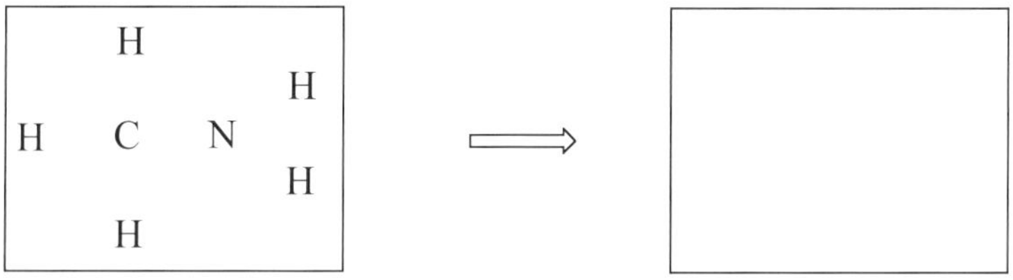

```
      H
              H
H     C    N
              H
      H
```
⟹

(e) 塩化ビニル（C_2H_3Cl）

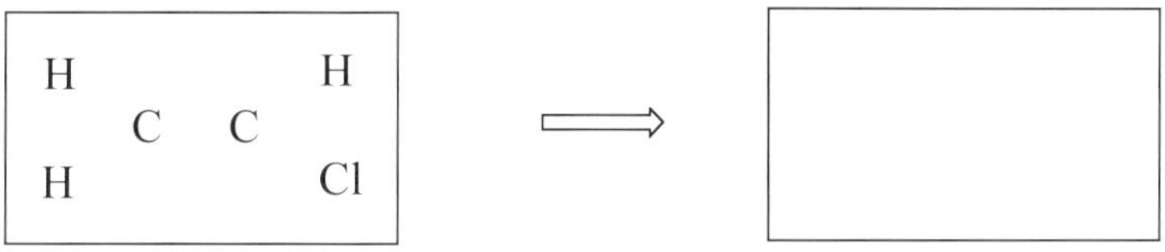

```
H           H
    C   C
H           Cl
```
⟹

(f) 三フッ化ホウ素（BF_3）

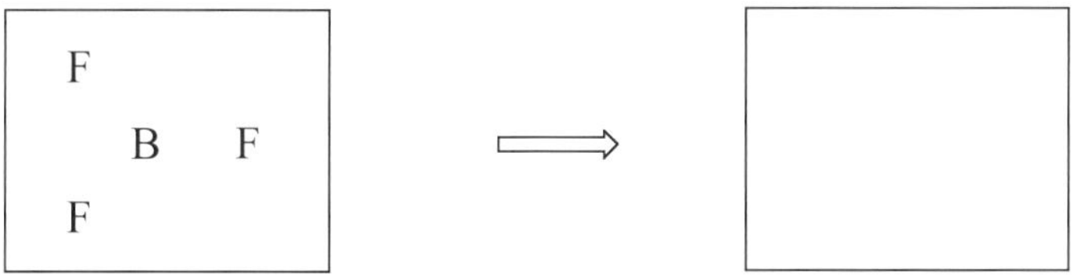

```
F
    B    F
F
```
⟹

（5）上のルールでうまく書けない例外：ニトロ化合物（RNO₂）

　ニトロメタンのルイス構造式を考えてみよう．ニトロ（NO₂）基の原子の配列に気をつけて原子を並べ，単結合でつなぐと，二つの O のまわりの全電子数は 7 個になり，対になっていない電子（**不対電子**）が残る．

　N の 2 個の電子と O の不対電子をそれぞれ対にして N=O 二重結合を二つつくると，N のまわりの電子は 10 個になってしまい，**オクテットを超えた**構造になる．

　しかし，一方の N–O だけを二重結合にし，N の電子を 1 個もう一つの O に移すと，すべての N と O がオクテット（8 電子）になる．これはルイス構造式として合理的である．ただし，N の電子を 1 個 O に移動させたので，N 上には正電荷が，O 上には負電荷が生じる．この電荷を＋と－で示す必要がある．ルイス構造式におけるこのような電荷は，**形式電荷**とよばれる．

問 1.5 硝酸（HNO₃）の原子配列に従ってルイス構造式を完成しなさい．

形式電荷： ルイス構造式の中で形式電荷を決めるためには，各原子に割り当てられる価電子数を数え，結合していない中性原子の価電子数とくらべる．原子には非共有電子すべてと共有結合電子の 1/2 を割り当てる．割り当てられた電子数が，中性原子の価電子数よりも小さければ正の形式電荷をもち，大きければ負の形式電荷をもつ．

$$\text{形式電荷} = \text{中性原子の価電子数} - (\text{非共有電子の数} + \text{共有結合電子数の 1/2})$$

ここで，ニトロメタンの N と O の形式電荷を確かめておこう．ニトロ基のルイス構造式としては，最後に書いた電荷分離した構造が正しいかたちである．

	中性原子の価電子数	非共有電子数	共有結合電子数/2	形式電荷
N	5	0	4	+1
=O	6	4	2	0
–O	6	6	1	–1

官能基： 有機分子の構造は簡略化して書かれることが多く，官能基の構造も詳しく示されない．よく出てくる官能基のルイス構造式を覚えておくと便利だ．

ヒドロキシ基 -OH	—Ö—H	カルボキシ基 –CO₂H, –COOH	—C(=Ö)—Ö—H
アミノ基 -NH₂	—N(H)(H)	エステル –CO₂R	—C(=Ö)—Ö—R
ニトロ基 -NO₂	—N⁺(=Ö)(Ö⁻)	酸塩化物 –COCl	—C(=Ö)—Cl
ホルミル基（アルデヒド）–CHO	—C(=Ö)—H	シアノ基 –CN	—C≡N:

S を含む官能基のうち，スルホキシドは電荷分離した形で書けばオクテットが保たれる．

スルホキシド -SO-　　—S(=Ö)—　または　—S⁺(—Ö⁻)—　　　スルホン -SO₂-　　—S(=Ö)(=Ö)—

演習問題 1.2 次の構造式に非共有電子対を書き込み，形式電荷を計算し，必要な形式電荷を書いて，ルイス構造式を完成しなさい．

(a) メタノール (CH₃OH)

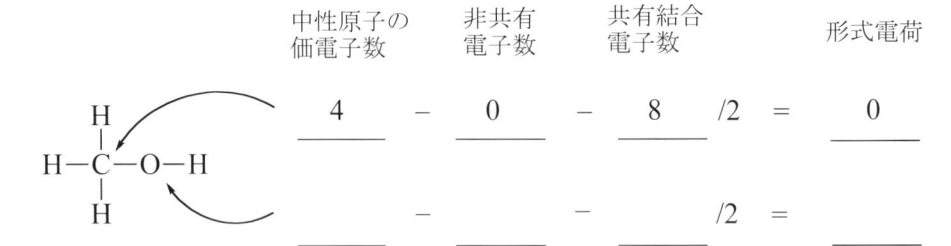

	中性原子の 価電子数	非共有 電子数	共有結合 電子数		形式電荷
	4	− 0	− 8	/2 =	0
	___	− ___	− ___	/2 =	___

(b) シアン化水素 (HCN)

	___	− ___	− ___	/2 =	___
	___	− ___	− ___	/2 =	___

(c) ニトロベンゼン (C₆H₅NO₂)

	___	− ___	− ___	/2 =	___
	___	− ___	− ___	/2 =	___
	___	− ___	− ___	/2 =	___

(d) 塩化アセチル (CH₃COCl)

	___	− ___	− ___	/2 =	___
	___	− ___	− ___	/2 =	___
	___	− ___	− ___	/2 =	___

(e) ピリジン N-オキシド (C₅H₅NO)

	___	− ___	− ___	/2 =	___
	___	− ___	− ___	/2 =	___

演習問題 1.3 次の化合物のルイス構造式を書きなさい.

(a) エチルメチルエーテル
 （CH₃CH₂OCH₃）

(b) ジメチルアミン（(CH₃)₂NH）

(c) アセトアルデヒド（CH₃CHO）

(d) 酢酸メチル（CH₃CO₂CH₃）

(e) 尿素（H₂NCONH₂）

(f) アセトニトリル（CH₃CN）

簡略化表現: これまでのルールに，厳密に従って構造式を書くのはかなり面倒で，スペースもとる．有機化学で重要なのは官能基であり，他の部分は関係ないことが多い．そこで，反応に関係のない炭素骨格を簡略化して表すことが多い．

たとえば，2-プロパノールのアルキル基部分は次のように表す．略号を用いて，メチルを Me，イソプロピルを i-Pr と書くこともある．さらに非共有電子対も省略して印刷された構造式がよく見られるが，慣れるまではすべての非共有電子対を示した構造式を書くようにしよう．

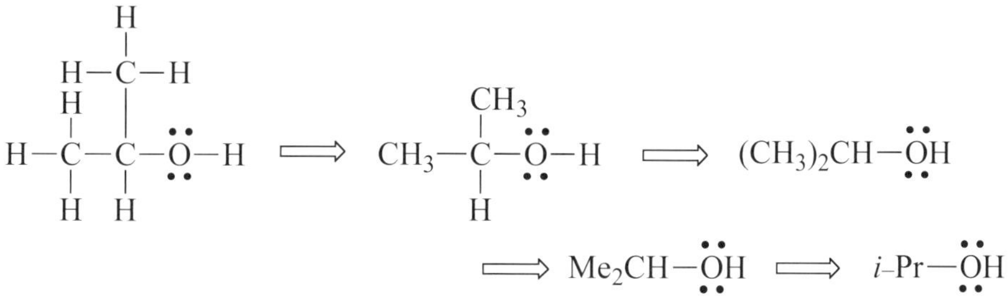

アルキル基の略号：

　Me：CH₃　(Methyl)　　　　　　　Bu：CH₃CH₂CH₂CH₂　(Butyl)

　Et：CH₃CH₂　(Ethyl)　　　　　　 *i*-Bu：(CH₃)₂CHCH₂　(Isobutyl)

　Pr：CH₃CH₂CH₂　(Propyl)　　　　*t*-Bu：(CH₃)₃C　(*t*-Butyl)

　i-Pr：(CH₃)₂CH　(Isopropyl)　　　Ph：C₆H₅　(Phenyl)

炭素と水素原子を省略した線形表記もよく用いられる．炭素環はCとHを省略して多角形で表し，鎖状化合物は炭素骨格をジグザグに書く．ヘテロ原子に結合したHは示す．線の末端はメチル基に相当する．必要に応じて部分的にHを示すこともある．この線形表記は，書くのが簡単で官能基が強調されるので，有機化学者は好んでこの表記法を用いる．

線形表記では，線の末端と角にCがあり，Cが4価になるだけのHがあることを示している．

シクロヘキノサン

アニリン

(*E*)-2-ヘキセン

3-メチルブタンアミド　(*i*-BuCONH₂)

演習問題 1.4 次の化合物の線形表記を，CとHおよび非共有電子対をすべて示した簡略化式に直しなさい．簡略化の程度は適当でよい．

(a)

(b)

(c)

(d)

(e)

1.3 イオンとラジカルのルイス構造式

イオンやラジカルは有機反応の中間体として生成する．これらの不安定な中間体は結合の切断と形成によってできるので，その反応過程から見ていこう．

結合の切断： 共有結合が切れるとき，結合電子対が一方の原子に移るとカチオンとアニオンが生成する．この結合切断を**ヘテロリシス**といい，2電子の動きを巻矢印で表す．

$$X-Y \longrightarrow X^+ + \overset{..}{Y}{}^-$$

一方，結合電子対を二つの原子が1個ずつ分け合って切断するとラジカルが生成する．この結合切断を**ホモリシス**といい，1電子の動きを片羽の巻矢印で表す．ラジカルには**不対電子**がある．

片羽の巻矢印

$$X-Y \longrightarrow X\cdot + \cdot Y$$

カルボカチオン: 炭素とヘテロ原子の結合の切断では，電気陰性度の大きいヘテロ原子の方へ結合電子対が動き，炭素カチオン（カルボカチオン）が生成する．

問 1.6 塩化 *t*-ブチルの C–Cl 結合切断では，結合電子対が電気陰性な 6a____ 原子の方に移動するので，6b_____ アニオンが生成すると同時に 6c_____ カチオンができる．

問 1.7 カルボカチオンの中心炭素の形式電荷は，7a____（中性原子の価電子数）− 7b____（結合電子数）/2 = +1 となるので + 符号をつける．塩化物イオンの Cl には 7c____（中性原子の価電子数）− 7d____（非共有電子数）= −1 の形式電荷があるので − 符号をつける．

問 1.8 2-ブロモプロパンの C–Br ヘテロリシスで，イソプロピルカチオンと臭化物イオンが生成する．

8a_____

生成物のイソプロピル炭素のまわりには 8b____ 電子しかないが，Br は 8c____ 電子でオクテットを満たしている．

カルボアニオン: 炭素と電気的に陽性な原子（Li, Mg など）の結合がヘテロリシスを起こすと，炭素アニオン（カルボアニオン）が生成する．結合電子対はより電気陰性度の高い C の方へ動く．

問 1.9　生成したメチルアニオンのCは $_{9a}$_____ 電子対1組と結合 $_{9b}$____ 本でオクテットを満たしており，形式電荷を計算すると，$_{9c}$____（中性原子の価電子数）− $_{9d}$____（非共有電子数）− $_{9e}$____（結合電子数）/2 = $_{9f}$____ となる．Li$^+$は $_{9g}$_____ 原子と同じ原子価殻をもっている．

問 1.10　C–Mg 結合の切断は次のように起こる．構造式に必要な非共有電子対と形式電荷を書き加えて反応式を完成しよう．

10a ————　　10b ————　　10c ————

ヘテロ原子イオン：　酸素や窒素の非共有電子対は H$^+$ と結合してカチオンを形成する．O–H や N–H 結合から H$^+$ が外れるとヒドロキシド（水酸化物）イオン（HO$^-$）やアミドイオン（H$_2$N$^-$）のアニオンが生成する．

メタノールに H$^+$ が結合すると，メチルオキソニウムイオンができる．

メチルオキソニウムイオン

問 1.11　オキソニウム O には非共有電子対 $_{11a}$____ 組があるので，$_{11b}$____ 組の結合電子対とあわせてオクテットを形成しており，形式電荷を計算すると，$_{11c}$____（中性原子の価電子数）− $_{11d}$____（非共有電子数）− $_{11e}$____（結合電子数）/2 = $_{11f}$____ となる．

問 1.12　エーテルからはジアルキルオキソニウムイオンができる．

12a ————

問 1.13 メチルアミンに H⁺ が結合すると,メチルアンモニウムイオンができる.

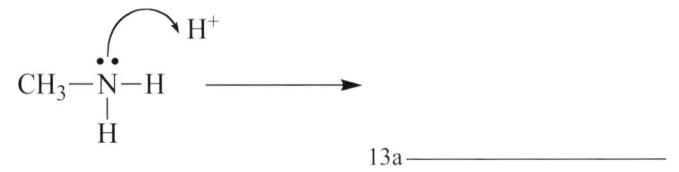

アンモニウム N は 13b＿＿＿＿ をもたないが,結合電子対を 4 組もっているので 13c＿＿＿＿ を満たしている.形式電荷を計算すると,13d＿＿（中性原子の価電子数）− 13e＿＿（結合電子数）/2 ＝ 13f＿＿ となる.

問 1.14 メタノールの O–H 結合のヘテロリシスでは,14a＿＿＿＿ がより高い O の方に結合電子対が動き,メトキシドイオンと H⁺ が生成する.

$$CH_3-\overset{..}{\underset{..}{O}}-H \longrightarrow CH_3-O^- + H^+$$
14b＿＿＿＿
（非共有電子対を書け）

メトキシドイオンの O のまわりの全電子数は 14c＿＿ 個で 14d＿＿＿＿ を満たしている.この O の形式電荷を計算すると,14e＿＿（中性原子の価電子数）− 14f＿＿（非共有電子数）− 14g＿＿（結合電子数）/2 ＝ 14h＿＿ となる.

問 1.15 酢酸の O–H 結合のヘテロリシスは次のように起こる,構造式に必要な非共有電子対と形式電荷を書き加えて反応式を完成しよう.

$$CH_3-C\overset{O}{\underset{O-H}{\diagdown}} \longrightarrow CH_3-C\overset{O}{\underset{O}{\diagdown}} + H^+$$
15a＿＿＿＿　　　　　　　　　　15b＿＿＿＿

溶液中では,H⁺ は裸の形では存在できないので,H₃O⁺ のように溶媒分子と結合している.したがって,上のようなプロトン（H⁺）の付加と脱離で生成するカチオンとアニオンは,溶液中では実際にはプロトン移動（酸塩基反応）として起こっている.

$$H_3N: \quad H-\overset{+}{\underset{..}{O}}H_2 \longrightarrow H_4N^+ + H_2\overset{..}{\underset{..}{O}}$$

ここで通常のカチオンとアニオンにおいて，形式電荷をもつ中心原子の結合数を表1.2にまとめておこう．よく出てくるイオンを書くときの参考になる．

表1.2 通常のイオンの中心原子の結合数

中心原子	カチオン（例）	アニオン（例）
C	3 H_3C^+	3 $H_3C:^-$
N	4 H_4N^+	2 $H_2N:^-$
O	3 $H_3O:^+$	1 $H-O:^-$

演習問題 1.5 次のカチオンあるいはアニオンのルイス構造式を完成しなさい．また，H以外の原子でオクテットを満たしていないものがあれば，どれか指摘しなさい．

(a) $(CH_3)_3C-CH_3$ の形 — 中心Cに CH_3 3つと CH_3
カチオン

(b) $(CH_3)_2O-CH_3$
（中心O, CH_3 3つ）

(c) $(CH_3)_2C-H$
アニオン

(d) CH_3CH_2-O
アニオン

(e) CH_3-NH_3（N中心に H3つと CH_3）

(f) CH_3-BH_2（B中心に H2つと CH_3）

(g) $(CH_3)_2S-H$

(h) グアニジン型 $C(NH_2)_3$

演習問題 1.6 次の反応式の構造式に必要な非共有電子対と形式電荷を書き加えて，反応を完成しなさい．

$$(CH_3)_3C-O-H + H^+ \longrightarrow (CH_3)_3C-O(H)_2 \longrightarrow (CH_3)_3C + H_2O$$

ラジカル： ラジカルは不対電子をもち，電荷をもたない化学種である．塩素分子の結合電子対が1電子ずつ二つのClに別れて切れる（ホモリシス）と，電荷をもたない塩素原子ができる．塩素原子は不対電子をもつので，ラジカルの一つである．

$$:\!\ddot{C}\!l\text{―}\ddot{C}\!l\!: \longrightarrow :\!\ddot{C}\!l\cdot \;+\; \cdot\ddot{C}\!l\!:$$

問 1.16 高温にするとC–C結合の切断も起こる．エタンのホモリシスでは，メチルラジカルが2個生成する．

$$H{-}\underset{H}{\overset{H}{C}}{-}\underset{H}{\overset{H}{C}}{-}H \longrightarrow 2\ \underline{}$$

問 1.17 過酸化物のO–O結合は弱いので，開裂しやすい．

$$(CH_3)_3C{-}\ddot{O}{-}\ddot{O}{-}C(CH_3)_3 \longrightarrow 2\ \underline{}$$

生成したラジカルのOの形式電荷は 17b＿＿（中性原子の価電子数）− 17c＿＿（非共有電子数）− 17d＿＿（結合電子数）/2 ＝ 17e＿＿ と計算できる．

演習問題 1.7 次の反応式の構造式に必要な非共有電子をすべて書き加えて，反応式を完成しなさい．

(a) $Br{-}Br \longrightarrow 2\ Br$

(b) $Ph{-}\underset{}{\overset{O}{\overset{\|}{C}}}{-}O{-}O{-}\underset{}{\overset{O}{\overset{\|}{C}}}{-}Ph \longrightarrow 2\ Ph{-}\underset{}{\overset{O}{\overset{\|}{C}}}{-}O$

　　　（Ph = フェニル基）

(c) $(CH_3)_3C{-}O{-}O{-}H \longrightarrow (CH_3)_3C{-}O \;+\; O{-}H$

2 共鳴法

1章では有機化合物をルイス構造式で表すことを学んだ．しかし，単一のルイス構造式では，有機化合物の構造を適切に表すことができない場合がある．分子の中で，電子が，電子対として単一の結合や原子に留まらず，非局在化するような化合物がある．そのような**共役化合物の電子の非局在化を表す方法が共鳴法**である．共鳴法では，二つ以上のルイス構造式の**共鳴混成体**として実際の構造を表す．混成体に寄与するルイス構造式を**共鳴構造式**という．本章では共鳴構造式の書き方と共鳴法の考え方について学ぶ．

2.1 共鳴構造式の書き方

二つのルイス構造式： ニトロメタンのルイス構造式を p.6 では **1a** のように書いたが，**1b** のように書いてもよかった．実際には，ニトロ基の二つの O は等価であり区別できない．すなわち，ニトロメタンの実際の構造は **1a** と **1b** の中間の構造をもっており，**1c** のように電子が非局在化した構造として表すこともできるが，共鳴法では **1a** と **1b** の共鳴混成体として双頭の矢印（⟵⟶）で二つの構造式を結んで表す．それぞれのルイス構造式が共鳴構造式である．

> 共鳴構造式は，一定の原子配置をもっており，電子の位置だけが異なる．
> 実際の構造は共鳴構造式の混成体として表される．

> 共鳴混成体は，共鳴構造式を双頭の矢印（⟵⟶）で結んで表す．

> 共鳴の矢印（⟵⟶）と平衡反応の矢印（⇌）を混同しないように．

次の構造変化は，共鳴ではなく平衡反応を表している．

2 共鳴法

二つの共鳴構造式における電子の位置の違いは，反応に用いた巻矢印で示すことができる．

問2.1 ニトロメタンの共鳴構造式 **1b** を **1a** から次のように書くと，一つ目の巻矢印はOの 1a_____ が N–O 結合の 1b_____ となり，二つ目の巻矢印は N=O 二重結合の1組の 1c_____ がOの 1d_____ になることを示している．

$$
\begin{array}{c}
\text{1a} \quad \longleftrightarrow \quad \text{1b}
\end{array}
$$

このように，巻矢印で動きを示した二重結合の電子対（π電子）と非共有電子対が非局在化している．

酢酸アニオンのルイス構造式を p.14 で書いたときには，**2a** のようになったはずだが，**2b** のように書いてもよい．実際の酢酸アニオンでは，二つの O は等価で，C–O 結合の長さも等しい．酢酸アニオンは **2a** と **2b** の共鳴混成体として表せ，**2c** のような構造であると考えられる．O の負電荷は非局在化し，C–O 結合も等価で二重結合と単結合の中間になっており，1.5 重結合といってもよい．

問2.2 上の共鳴構造式 **2a** に巻矢印を書き込んで，**2b** の電子対の位置との関係を示してみよう．

> すべての共鳴構造式において，電子数は同一であり，形式電荷の和は一定である．

巻矢印を用いれば，電子を見失うことなく一つの共鳴構造式から別の共鳴構造式を書くことができる．

アリル系: 上の例をよく見ると，二重結合と非共有電子対をもった原子が隣り合わせにある．それと同じ電子構造をもつアニオンとして，アリルアニオン **3** がある．

$$H_2C=CH-\overset{..}{\underset{-}{C}}H_2 \longleftrightarrow \overset{..}{\underset{-}{H_2C}}-CH=CH_2 \qquad \overset{\frac{1}{2}-}{H_2C}=CH=\overset{\frac{1}{2}-}{CH_2}$$
3a **3b** **3c**
アリルアニオン

問 2.3 アリルアニオンには二つのルイス構造式 **3a** と **3b** が書ける．**3a** に巻矢印を書き込んで，**3b** の電子対の位置との関係を示してみよう．

これらは共鳴構造式であり，アリルアニオンはその混成体として表せる．また，**3a** と **3b** は等価な構造式なので，負電荷は二つの末端炭素に等しく分散しており，**3c** のように表すこともできる．

問 2.4 アリルカチオンのルイス構造式は **4a** のように書けるが，電子対を動かすともう一つの構造式 **4b** が得られる．

$$H_2C=CH-\overset{+}{C}H_2 \longleftrightarrow \underline{\qquad\qquad} \qquad \overset{\frac{1}{2}+}{H_2C}=CH=\overset{\frac{1}{2}+}{CH_2}$$
4a **4b** **4c**
アリルカチオン

巻矢印は共有電子対の位置を変えて二重結合が単結合になり，単結合が二重結合になることを示している．**4a** と **4b** は 4b_____であり，アリルカチオンの実際の構造はその 4c_____として表される．また，電子が 4d_____した構造 **4c** で表すこともでき，4e_____は二つの末端炭素に分散している．

アリルラジカル **5** も，電子が非局在化しており，共鳴混成体で表せる．末端炭素には不対電子があり，電荷はもたない．不対電子の動きは片羽の巻矢印で示す．

$$H_2C=CH-\overset{\cdot}{C}H_2 \longleftrightarrow \overset{\cdot}{H_2C}-CH=CH_2 \qquad \overset{\frac{1}{2}\cdot}{H_2C}=CH=\overset{\frac{1}{2}\cdot}{CH_2}$$
5a **5b** **5c**
アリルラジカル

> 共鳴法は，電子が非局在化して，単一のルイス構造式では適切に表せない化学構造を，共鳴混成体として表す方法である．

共鳴構造式の重要度： ここで共鳴構造式が書けない例をあげておこう．イソプロピルカチオンの C^+ の隣には二重結合（π電子）も非共有電子対もないので動かす電子がない（非局在化できない）ので別のルイス構造式を書くことができない．

$$CH_3-\overset{+}{C}H-CH_3$$

ジメチルエーテルの O には非共有電子対があるが，隣に電子対を受け入れる部位（C^+や二重結合）がないので共鳴構造式を書くことができない．

$$CH_3-\overset{..}{\underset{..}{O}}-CH_3$$

3-ブテニルカチオンでは C^+ と二重結合の間に CH_2 があるので電子対を動かすことはできない．

$$CH_2=CH-CH_2-\overset{+}{C}H_2$$

> 非局在化する電子はπ電子か非共有電子である．

アセチルカチオンの一つの構造は **6a** のように表せる．この構造式から電子対の位置を変えて別の共鳴構造式をつくるとき，二重結合のπ電子対を動かすと **6b** が得られるが，O の非共有電子対を動かしてもよい．そのときには **6c** が得られる．

| 6電子 | 8電子 | 6電子 | 6電子 |

$$CH_3-\overset{+}{C}=\overset{..}{O}: \longleftrightarrow CH_3-\overset{..}{\underset{..}{C}}-\overset{..}{\underset{..}{O}}:^+$$
　　　　6a　　　　　　　　　　　　　**6b**　（重要度が低い）

| 8電子 | 8電子 |

$$CH_3-\overset{+}{C}=\overset{..}{O}: \longleftrightarrow CH_3-C\equiv \overset{+}{O}:$$
　　　　6a　　　　　　　　　　　　　**6c**　（重要度が高い）

ここで得られた **6b** の C と O のまわりにはいずれも 6 電子しかなく，高エネルギーであると考えられ，寄与式としての重要度は低い．一方，**6c** には C≡O 三重結合があるが，C と O がともにオクテットになっており，最もエネルギーの低い構造といえ，重要度が高い．アセチルカチオンの共鳴混成体に対する寄与は，**6c** が大きく **6b** は無視してよい．

共鳴混成体に寄与する程度（重要度）は共鳴構造式の安定性による．
とくに安定性の低い不合理な共鳴構造式は考える必要がない．

それぞれの構造式のエネルギーは，**電荷の分布状態，オクテット則，立体ひずみ**などから推定できる．それは化学的知識に基づく直感によるもので，経験が必要である．しかし，まず必要なのは正しい共鳴構造式（ルイス構造式）を書くことであり，その安定性の判定は将来の課題として残しておく．

演習問題2.1 次に示す構造式に必要な非共有電子対を書いてルイス構造式を完成し，巻矢印を書いて，対応する共鳴構造式を書きなさい．

(a), (b), (c), (d), (e), (f)

電荷分離した共鳴構造式： イオンの共鳴構造式では，形式電荷の位置が変わるだけだったが，中性分子でも形式電荷をもつ構造が共鳴構造式になることがある．最初に示したニトロ化合物のニトロ基は電荷が正と負に分かれた電荷分離した構造で表さざるを得なかった．

ほかの例でも，構造によっては電荷分離した共鳴構造式を考える必要がある．その代表例はカルボニル化合物である．CよりもOの電気陰性度が大きいので，**7a**の二重結合のπ電子対はOの方に引っ張られ，電荷分離した構造**7b**になる．

7a　**7b**　**7c**

問 2.5 電荷分離した構造 **7b** では，C のまわりの全電子数が $_{5a}$____ 個になるので，共鳴混成体への寄与の重要度は低い．しかし，反応を考えるときには重要な意味をもってくる．電子の偏りを示すために部分電荷を示して **7c** のように表すこともある．逆に電荷分離した構造 **7d** は，$_{5b}$_____ の小さい方の C 原子に電子が偏っているので，不合理である．また，$_{5c}$_____ をもつ構造 **7e** も高エネルギーで考える必要がない．

7a ⟷ **7d**　　**7a** ⟷ **7e**

不合理な構造　　　不合理な構造

C＝O の**結合電子対**は，電気陰性度の大きい O の方へ引出されたが，ビニルエーテル **8** では O の**非共有電子対**が C の方に押し込まれる．非共有電子対は余分の電子になっているので，押し込まれる傾向が強い．

$H_2C=CH-\overset{..}{\underset{..}{O}}CH_3$　⟷　$\overset{..}{\underset{-}{H_2C}}-CH=\overset{+}{\underset{..}{O}}CH_3$

8a　　　　　　　　　**8b**

問 2.6 共鳴構造式 **8b** を得るための巻矢印を **8a** に書きなさい．

> 電荷分離した共鳴構造式は混成体に対する重要度は低いが，
> 反応性を考えるときに重要になる．

問 2.7 α,β-不飽和ケトン **9a** には二つの電荷分離した構造 **9b** と **9c** が書ける．**9b** と **9c** に形式電荷を書き，**9a** に **9b** を得るために必要な巻矢印，**9b** に **9c** を得るために必要な巻矢印を書きなさい．

9a ⟷ **9b** ⟷ **9c**

問 2.8 ニトロエテン **10a** には，**10b** のほかに **10c** のような共鳴構造式が可能である．すべての構造に必要な非共有電子対を書き加え，**10a** と **10b** に巻矢印を書いてみよう．どの共鳴構造式においても，形式電荷を足しあわせるとゼロになることにも注意しよう．

問 2.9 アミド **11a** の電子対を巻矢印で示すように動かすと，共鳴構造式 **11b** が得られる．

共鳴に関与（非局在化）できるのは，π電子と非共有電子であり，その電子を受け入れることができるのは，不飽和結合の原子か C^+（オクテットに満たない原子）である．

演習問題 2.2 次の化合物の構造に非共有電子対を書いてルイス構造式を完成し，巻矢印に対応する共鳴構造式を書きなさい．巻矢印が書かれていない場合には，適当な巻矢印を書くこと．

(a), (b), (c), (d), (e), (f)

2.2　ベンゼンとその誘導体

芳香族炭化水素：　ベンゼンは共鳴混成体で表される化合物の中でも最もよく知られたものだ．簡略化したルイス構造式 **12a**（ケクレ構造という）はよく見かけるが，二重結合の位置をずらした等価な構造 **12b** でもよい．実際のベンゼンは，**12a** と **12b** の共鳴混成体として表せ，すべての C–C 結合は等価で，**12c** のように表すこともできる．ベンゼン環を表すのに，正六角形に丸を書いて **12d** のように表すことも多い．

しかし，価電子の動きによって反応を考えるときには，**12a** か **12b** のケクレ構造のどちらかを書く方がわかりやすい．化学者は，その一つだけを書いても暗黙のうちにベンゼンの実際の構造は共鳴混成体であることを了解している．

共鳴構造式 **12a** と **12b** の電子対の位置の違いを巻矢印で示すには，**12a** のように書いてもよいし，**12b** のように書いてもよい．

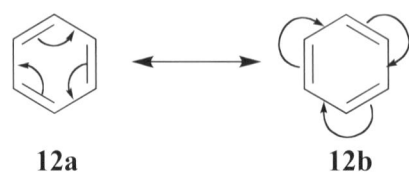

問 2.10　トルエンの構造は共鳴混成体として次のように表される．巻矢印も書き加えて共鳴構造式を完成しよう．

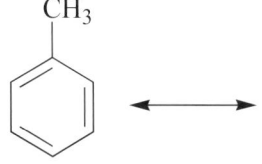

問 2.11　ナフタレンのようにベンゼン環が縮合した芳香族化合物には，多くの共鳴構造式が書ける．**13a** に **13b** が得られるように巻矢印を書き入れ，さらに **13c** の構造式を書いてみよう．

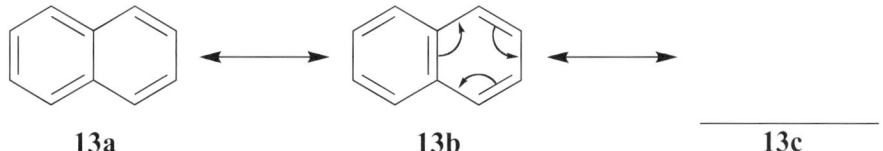

問 2.12 フェナントレンには 5 個の共鳴構造式が可能である．(a) ～ (d) の指示に従って巻矢印を書き，新しい共鳴構造式を書いてみよう．

(a) 右側のベンゼン環の電子対だけを動かす．

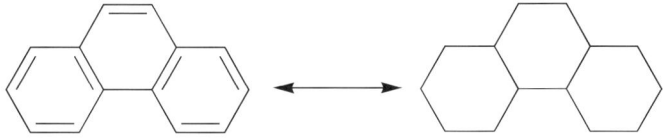

(b) 左側のベンゼン環の電子対だけを動かす．

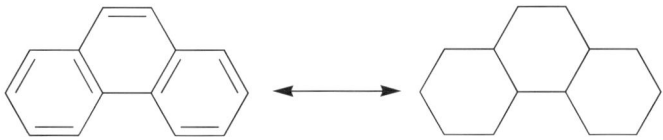

(c) 右側と左側のベンゼン環の電子対を同時に動かす．

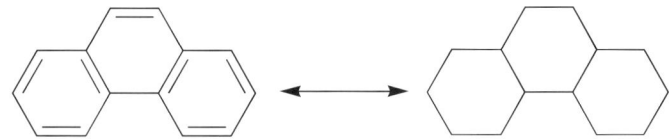

(d) 中央のベンゼン環の電子対だけを動かす．

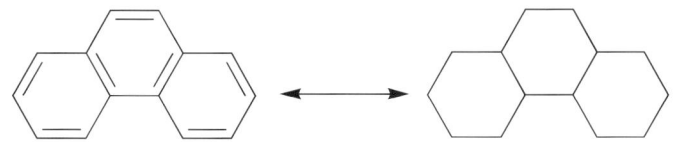

問 2.13 アントラセンの共鳴構造式は 4 個書ける．共鳴構造式を書いて共鳴混成体を完成しなさい．

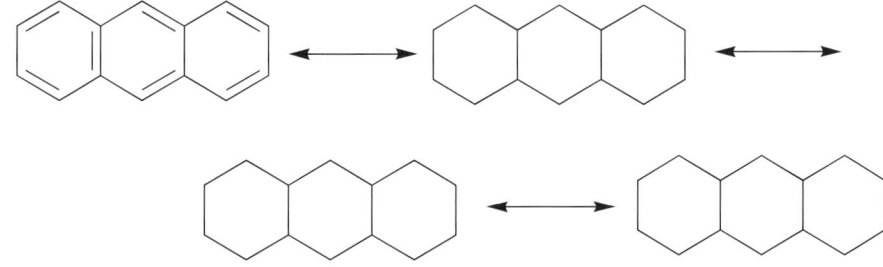

ベンジルアニオンと関連化合物： ベンジルアニオンは，ベンゼン環に非共有電子対をもつ CH_2 基が結合した構造をもつ．このアニオンには多くの共鳴構造式が可能である．負電荷はベンゼン環のオルト位とパラ位に分布することがわかる．

問 2.14 ベンジルアニオンの共鳴構造式を次のように書いたら，どこが不都合か．

問 2.15 フェノキシドイオンにもベンジルアニオンと同じような共鳴構造式が書ける．できるだけ多くの共鳴構造式を書いて共鳴混成体を完成しよう．

問 2.16 アニリンの側鎖 NH_2 基にも非共有電子対があるので，同じような共鳴構造式が可能である．この場合には，非共有電子対がベンゼン環に押し込まれると電荷分離した構造になる．さらに共鳴構造式を書いてみよう．

ベンジルカチオンと関連化合物： ベンジルカチオンの正電荷をもつCは，ベンゼン環のπ電子対を受け入れることができるので，共鳴混成体として表せる．正電荷はベンゼン環のオルト位とパラ位に分布している．

結合の配置はベンジルアニオンの場合と似ているが，巻矢印は電子対の動きを示しており，電荷の動きを示すのではないので，向きが逆になる．

問 2.17 ベンズアルデヒドのカルボニル基には電荷分離した共鳴構造式があるので，ベンジルカチオンと同じようにベンゼン環のπ電子も引き出される．次の式にできるだけ多くの共鳴構造式を書いてみよう．

問 2.18 ニトロベンゼンでもニトロ基によってベンゼン環のπ電子が引き出され，電荷分離した共鳴構造式が書ける．できるだけ多くの共鳴構造式を書いてみよう．

演習問題 2.3 次の化合物またはイオンの構造を共鳴で表しなさい．

(a) o-キシレン（1,2-ジメチルベンゼン） ↔

(b) フェノール ↔

(c) アニリドアニオン（C$_6$H$_5$NH$^-$） ↔

(d) 1-フェニルエチルカルボアニオン ↔

(e) ベンゾイルカチオン（C$_6$H$_5$C$^+$=O） ↔

(f) [4-メトキシベンズアルデヒド] ⟷

ベンゼニウムイオン: ベンゼン誘導体の求電子置換反応の中間体として重要なカルボカチオンは，ベンゼニウムイオンとよばれる．これはシクロヘキサジエニルカチオンの構造をもっており，共鳴混成体として表される．

問 2.19 ベンゼニウムイオンの共鳴を完成しよう．

ベンゼニウムイオン

問 2.20 構造式 **14a** は，アニリンの臭素化で生成するベンゼニウムイオンのルイス構造式の一つである．**14a** の巻矢印で示すように電子対が C^+ に引き出されると，**14b** の共鳴構造式になる．**14b** の C^+ の隣には NH_2 があるので，N の非共有電子対が引き出されて **14c** の共鳴構造式が得られる．さらにもう一つ合理的な共鳴構造式 **14d** が書ける．この共鳴を完成しよう．

14a　　⟷　　**14b**　　⟷　　**14c**　　⟷　　**14d**

演習問題 2.4 次のイオンの構造を共鳴法で表しなさい．

(a) [構造式：4-メトキシ-4-メチルシクロヘキサジエニルカチオン] ↔

(b) [構造式：4-シアノベンジルアニオン] ↔

(c) [構造式：4-メトキシベンジルカチオン] ↔

演習問題 2.5 *p*-クロロニトロベンゼンにメトキシドイオンが付加すると，次のようなアニオン中間体が生成する．このアニオンを共鳴法で表しなさい．

[構造式：4-クロロ-4-メトキシ-1-ニトロシクロヘキサジエニドアニオン] ↔

3 反応機構

　反応機構は，化学反応がどのように起こるか，1段階ごとに説明するものである．一つずつの反応段階は，結合の切断と生成を含んでおり，その過程は価電子の動きによって起こるので，巻矢印を用いて（視覚的にも）わかりやすく表すことができる．**電子は電子豊富な部位から電子不足の部位に流れる**ので，その原理を納得すれば，反応機構が理解できるだけでなく，新しい反応を予測することもできる．この表し方は，"電子押し込み（Electron Pushing）"の方法ともいわれる．

　すでに1章で，イオンやラジカルが生成する場合について，結合の切断や生成における電子の動きを巻矢印で表すことができると簡単に述べた．2章では，一つの共鳴構造式からもう一つの共鳴構造式を書き出すために，巻矢印で電子対の移動を示すことを学んだ．この場合には，実際に電子対が動くわけではないが，共鳴構造式になる二つのルイス構造式の電子対の位置の関係を示すために巻矢印を使っている．反応においては，出発物から生成物をつくるときに実際に電子がどのように動くかを示すために巻矢印を用いる．

3.1 σ結合の切断と生成

　1.3節で結合の切断でイオンが生成することを学んだ．一例として2-ブロモプロパンのイオン化を見てみよう．これはS_N1反応の最初のプロセスで，カルボカチオンが生成する．

$$CH_3-\underset{\underset{H}{|}}{\overset{\overset{CH_3}{|}}{C}}-\ddot{\underset{..}{Br}}: \longrightarrow CH_3-\underset{\underset{H}{|}}{\overset{\overset{CH_3}{|}}{C^+}} + :\ddot{\underset{..}{Br}}:^- \qquad (3.1)$$

　この反応では，巻矢印で結合電子対がアニオンの非共有電子対になることを示している．

問3.1 逆反応で結合が生成するときには，アニオンの ₁ₐ＿＿＿＿＿＿が，新しいC–Br結合の ₁ᵦ＿＿＿＿＿＿になる．

$$CH_3-\underset{\underset{H}{|}}{\overset{\overset{CH_3}{|}}{C^+}} + :\ddot{\underset{..}{Br}}:^- \longrightarrow CH_3-\underset{\underset{H}{|}}{\overset{\overset{CH_3}{|}}{C}}-\ddot{\underset{..}{Br}}:$$

$$\underset{\text{（巻矢印を書け）}}{\underline{}_{1c}}$$

問 3.2 新しい結合の生成に使われる電子対は，中性分子の非共有電子対でもよい．

$$\underset{\underset{\text{(非共有電子対と巻矢印を書け)}}{2a}}{CH_3-\overset{CH_3}{\underset{H}{C^+}}} \quad + \quad \overset{H}{\underset{H}{O}}\!\!-\!\!H \quad \longrightarrow \quad \underset{\underset{\text{(ルイス構造式を書け)}}{2b}}{\qquad} \tag{3.2}$$

問 3.3 生成したカチオン（オキソニウムイオン）からプロトンが外れるとアルコールになる．

$$\underset{\underset{\substack{\text{(ルイス構造式を完成し}\\\text{巻矢印を書け)}}}{3a}}{CH_3-\overset{CH_3}{\underset{H}{C}}-\overset{H}{\underset{H}{O}}} \quad \longrightarrow \quad \underset{\underset{\text{(ルイス構造式を完成せよ)}}{3b}}{CH_3-\overset{CH_3}{\underset{H}{C}}-\overset{}{\underset{H}{O}}} \quad + \quad H^+ \tag{3.3}$$

式 (3.1), (3.2), (3.3) で，2-ブロモプロパンの水中における S_N1 反応が完結する．

問 3.4 2-プロパノールを酸性にすると，プロトンが結合し，ついで H_2O が外れる．この反応は上の反応の逆反応である．

$$\underset{\underset{\text{(巻矢印を書け)}}{4a}}{CH_3-\overset{CH_3}{\underset{H}{C}}-\overset{..}{\underset{H}{O}}\!:} \quad + \quad H^+ \quad \longrightarrow \quad \underset{\underset{\substack{\text{(ルイス構造式を完成し}\\\text{巻矢印を書け)}}}{4b}}{CH_3-\overset{CH_3}{\underset{H}{C}}-\overset{H}{\underset{H}{O}}} \quad \longrightarrow \quad CH_3-\overset{CH_3}{\underset{H}{C^+}} \quad + \quad H_2O$$

問 3.5 生成したイソプロピルカチオンともう 1 分子の 2-プロパノールが反応し，ついで H^+ が外れると，エーテルができる．

$$\underset{\underset{\text{(非共有電子対と巻矢印を書け)}}{5a}}{CH_3-\overset{CH_3}{\underset{H}{C^+}}} \quad + \quad \underset{\underset{\text{(ルイス構造式と巻矢印を書け)}}{5b}}{\overset{H}{\underset{H}{O}}-\overset{CH_3}{\underset{H}{C}}-CH_3} \quad \longrightarrow$$

$$\longrightarrow \quad \underset{\underset{\text{(ルイス構造式を書け)}}{5c}}{\qquad} \quad + \quad H^+$$

演習問題 3.1 次の反応式に非共有電子対と巻矢印を書き加えて，反応を完成しなさい．

(a) C$_6$H$_5$-CH$_2$-I ⟶ C$_6$H$_5$-CH$_2^+$ + I$^-$

(b) CH$_3$-C(=O)-O-C(CH$_3$)$_3$ ⟶ CH$_3$-C(=O)-O$^-$ + (CH$_3$)$_3$C$^+$

(c)
$$\text{CH}_3-\underset{\underset{\text{CH}_3\text{CH}_3}{|}}{\overset{\overset{H}{\underset{|}{O^+}}}{C}}-\text{C}-\text{CH}_3 \longrightarrow \text{CH}_3-\underset{\underset{\text{CH}_3\text{CH}_3}{|}}{\overset{\overset{OH}{|}}{C}}-\overset{+}{C}-\text{CH}_3$$

(d) CH$_3$CH$_2$-NH$_2$ + H$^+$ ⟶ CH$_3$CH$_2$-N$^+$H$_3$

(e)
PhC$^+$(CH$_3$)H + CH$_3$OH ⟶ PhC(CH$_3$)(H)-O$^+$(H)-CH$_3$

(f) Ph-O-C(CH$_3$)$_3$ + H$^+$ ⟶

(g) Ph-O$^+$(H)-C(CH$_3$)$_3$ ⟶

(h) (CH$_3$)$_3$C$^+$ + I$^-$ ⟶

（注）(f) 〜 (h) の反応は，HI によるエーテルの S$_N$1 的な開裂反応の各段階を示している．

3.2 結合の切断と生成が同時に起こる反応

実際の反応では結合の切断と生成が同時に起こることが多い．溶液中における酸塩基反応や S_N2 反応がその代表例である．

酸塩基反応： 前節で見たオキソニウムイオンから H^+ が外れる反応は，溶液中では H^+ が裸の形で存在できないので，H^+ が溶媒（塩基）分子に受け取られて進む．すなわち，プロトン移動（酸塩基反応）になり，一つの結合が切れると同時に新しい結合ができる．る．二つの巻矢印は同じ方向を向いている（電子は一方向に流れる）ことに注意しよう．

問 3.6 酸塩基反応では，酸が 6a_____ を出し，塩基が 6b_____ を出して結合をつくる．HCl の水溶液中における解離では，溶媒の H_2O が塩基となる．

6c _____
（非共有電子対と巻矢印を書け）

6d _____
（非共有電子対を書け）

問 3.7 典型的な酸塩基反応の一つ，酢酸とアンモニアの反応は次のように進む．

7a _____
（非共有電子対と巻矢印を書け）

7b _____
（ルイス構造式を完成せよ）

問 3.8 カルボニル化合物は酸性条件では塩基として働き，最初に次の反応を起こす．

8a _____
（非共有電子対と巻矢印を書け）

8b _____

強い塩基性条件では，C–H 結合（炭素酸という）から H⁺ が引き抜かれてカルボアニオンが生成する．カルボアニオンが安定であるほど，炭素酸が強く容易にプロトン移動が起こる．

問 3.9 カルボニル化合物からは，α 水素が引き抜かれて，エノラートイオンが生成する．

9a ───────── （非共有電子対と巻矢印を書け）
9b ───────── （非共有電子対と巻矢印を書け）
9c ───────── （共鳴構造式）
エノラートイオン

問 3.10 ニトロメタンも炭素酸として反応し，安定なカルボアニオンを生成する．

10a ───────── （非共有電子対と巻矢印を書け）
10b ─────────
10c ───────── （共鳴構造式）

問 3.11 シクロペンタジエンが脱プロトン化されると，シクロペンタジエニドイオンを生成する．このアニオンは，環状 6π 電子系で芳香族性をもつ．

11a ───────── （非共有電子対と巻矢印を書け）
11b ───────── （共鳴構造式）
11c ───────── （共鳴構造式）
11d ───────── （共鳴構造式）
11e ───────── （共鳴構造式）

演習問題 3.2 次の反応式に非共有電子対と巻矢印を書き加えて反応を完結しなさい．

(a) H−C(=O)−O−H + O(H)(H) ⟶

(b) Ph−N(H)(H) + H−Br ⟶

(c) Ph−N⁺(H)(H)−H + ⁻O−H ⟶

(d) C_2H_5−O−H + ⁻O−H ⟶

(e) H−C≡C−H + ⁻NH_2 ⟶

(f) CH_3−C(=O)−C(H)(H)−H + ⁻OH ⟶

S_N2 反応： 前節の最初の反応として，2-ブロモプロパンがイオン化し，S_N1 反応を起こす例を見た．この反応は中性の H_2O 中で起こるが，もっと強い求核種があると結合生成と切断が同時に起こり，S_N2 反応になる．

問 3.12 求核種は 12a＿＿＿＿＿＿ を出して，脱離基 (Br) の背面から C を攻撃し，C と結合をつくり，同時に C−Br 結合が切れ，結合電子対は Br の 12b＿＿＿＿＿＿ になる．

H−Ö:⁻
CH_3−C(H)(CH_3)−Br: ⟶   +

12c＿＿＿＿＿＿ 12d＿＿＿＿＿＿

問 3.13　ヨードメタンと臭化物イオンの反応では，Br⁻ が 13a＿＿＿＿＿＿ として非共有電子対を出して，新しい 13b＿＿＿－＿＿＿ 結合をつくる．同時に，脱離基の I は，C-I 結合の 13c＿＿＿＿ 電子対とともに外れて I⁻ となる．

$$\text{Br}^- + \begin{array}{c} \text{H} \\ | \\ \text{H}-\text{C}-\text{I} \\ | \\ \text{H} \end{array} \longrightarrow \quad + $$

13d＿＿＿＿＿＿＿＿＿　　　　　　　　13e＿＿＿＿＿＿　13f＿＿＿＿＿
（非共有電子対と巻矢印を書け）

問 3.14　アミンは電荷をもたない求核種としてハロアルカンと反応し，アンモニウム塩を生成する．

$$\text{CH}_3-\underset{\underset{\text{H}}{|}}{\overset{\overset{\text{H}}{|}}{\text{N}}}-\text{H} \quad + \quad \text{Ph}-\text{CH}_2-\text{Cl} \longrightarrow \quad + $$

14a＿＿＿＿＿＿＿＿＿　　　　　　　　14b＿＿＿＿＿＿　14c＿＿＿＿＿
（非共有電子対と巻矢印を書け）

演習問題 3.3　次の反応式に非共有電子対と巻矢印を書き加えて反応を完結しなさい．

(a) $\text{Ph}-\underset{\underset{\text{Br}}{|}}{\text{CH}_2} + {}^-\text{OH} \longrightarrow$

(b) $\text{C}_6\text{H}_{11}-\text{I} + \text{NH}_3 \longrightarrow$

(c) $\text{CH}_3\text{CH}_2-\underset{\underset{\text{Cl}}{|}}{\text{CH}_2} + {}^-\text{C}\equiv\text{N} \longrightarrow$

(d) $\text{Ph}-\text{O}-\text{CH}_3 + \text{H}-\text{I} \longrightarrow$

(e) $\text{Ph}-\overset{\overset{\text{H}}{|}}{\underset{}{\text{O}^+}}-\text{CH}_3 + \text{I}^- \longrightarrow$

（注）(d) と (e) の反応は，HI によるエーテルの S_N2 的な開裂反応の各段階を示している．

演習問題 3.4 水溶液中におけるエポキシドの酸触媒開環反応は，プロトン移動と S_N2 反応を段階的に起こして進行する．非共有電子対と巻矢印を書き加えて，次の段階的反応式を完成しなさい．

3.3 二重結合への付加と脱離

不飽和結合への付加は，σ 結合の生成と π 結合の切断によって進行する．生成したイオン（あるいはラジカル）は，さらに σ 結合を形成して反応を完結する．イオン中間体から別のイオンが外れて付加−脱離の結果，置換反応になることもある．

カルボニル基への付加と脱離： C=O 二重結合は分極して C が電子不足になっているので，求核種（アニオンなど）の攻撃を受けやすい．生成した酸素アニオンは水分子からプロトンをとって反応を完結する．

> 反応式の中で，反応に関係のない非共有電子対を省略して書くことも多い．ヘテロ原子にはオクテットを満たすだけの非共有電子対があることを了解した上で省略している．そのときには，形式電荷の − 符号が電子対を表すものとみなして，− 符号から巻矢印をスタートする．

上の二つの反応は続いて起こり，その結果は水和反応（水の付加）になる．

問 3.15 シアン化物イオンは求核性が高く,カルボニル化合物に付加して,シアノヒドリンを与える.

15a _____（必要な非共有電子対と巻矢印を書け）

15b _____ シアノヒドリン

カルボニル結合の O には非共有電子対があるのでプロトン化されると,求電子性が増強され,弱い求核種でも反応できるようになる（酸触媒反応）.

問 3.16 プロトン化されたカルボニル基に H_2O が付加し,プロトン移動が起こると,生成物は水和物になる.

16a _____（必要な非共有電子対と巻矢印を書け）

16b _____（必要な非共有電子対と巻矢印を書け）

16c _____（必要な非共有電子対と巻矢印を書け）

問 3.17 エステルのアルカリ加水分解は,カルボニル結合に OH^- が付加することから始まる.生成した四面体中間体の O^- の 17a _____ が押し込まれて C=O 二重結合をつくると同時に,17b _____ イオンが追い出されて脱離が完結する.全体として OR が OH に置換されたことになる.

17c _____（必要な非共有電子対と巻矢印を書け）

四面体中間体

17d _____

問 3.18 エステルの加水分解は，酸触媒によっても促進される．カルボニル酸素がプロトン化されると，H₂O でも付加できるようになり，プロトン化された四面体中間体を生成する．四面体中間体の中でプロトン移動が起こり，プロトン化された酸素グループが脱離しやすくなる．

18a ──────
（必要な非共有電子対と巻矢印を書け）

18b ──────
（必要な非共有電子対と巻矢印を書け）

四面体中間体

18c ──────
（必要な非共有電子対と巻矢印を書け）

18d ────── + C₂H₅OH

問 3.19 エステルにアミンが付加すると，アルコキシドが脱離して，置換反応の結果アミドが生成する．

19a ──────

19b ────── + CH₃O⁻ ⇌（プロトン移動）PhC(O)N(CH₃)₂ + CH₃OH

問 3.20 アルデヒドにアミンが付加した場合には，カルボニル酸素が酸触媒の作用で H₂O として脱離し，C=N 二重結合を形成し，イミニウムイオンになる．イミニウムイオンからプロトンが外れた生成物はイミンである．

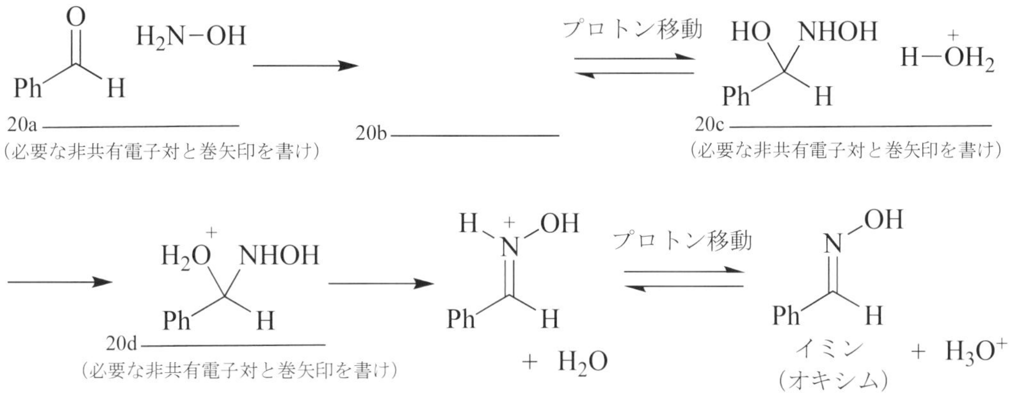

3　反応機構　| 41

20a ─────── （必要な非共有電子対と巻矢印を書け）

PhCHO + H₂N-OH → 20b ⇌ （プロトン移動） 20c: HO-C(Ph)(H)-NHOH + H-OH₂⁺
（必要な非共有電子対と巻矢印を書け）

→ 20d: H₂O⁺-C(Ph)(H)-NHOH → H(H)N⁺(OH)=C(Ph)H + H₂O ⇌ （プロトン移動） HO-N=C(Ph)H （イミン（オキシム）） + H₃O⁺
（必要な非共有電子対と巻矢印を書け）

演習問題 3.5 必要な非共有電子対と巻矢印を書いて反応を完結しなさい．

(a) CH₃-CO-CH₃ + ⁻OC₂H₅ →

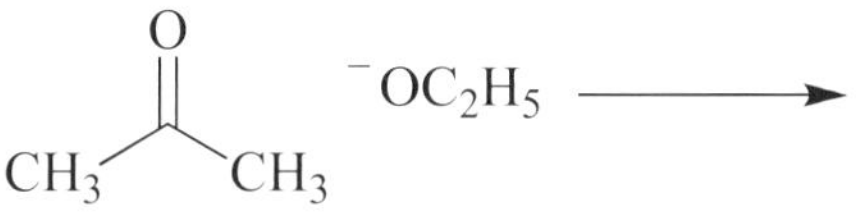

(b) CH₃-CHO + ⁻SPh →

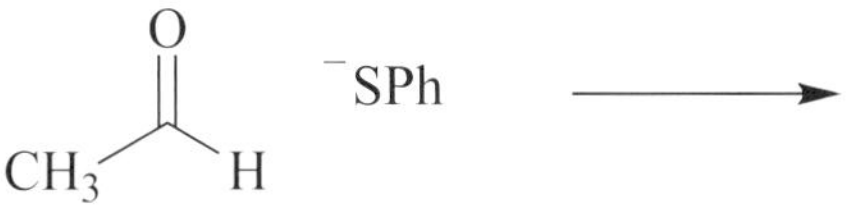

(c) Ph-CH=OH⁺ + HOCH₃ →

(d) CH₃-C(=OH⁺)-OPh + O(H)H →

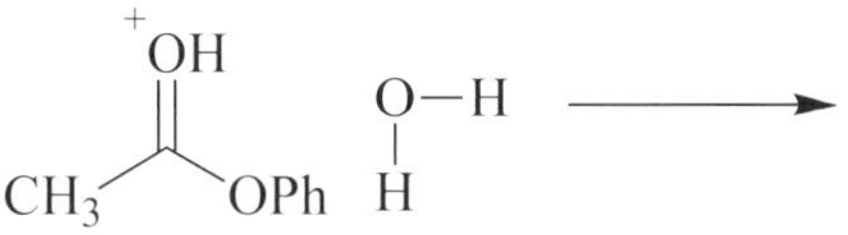

(e) CH₃-CHO + NH₃ →

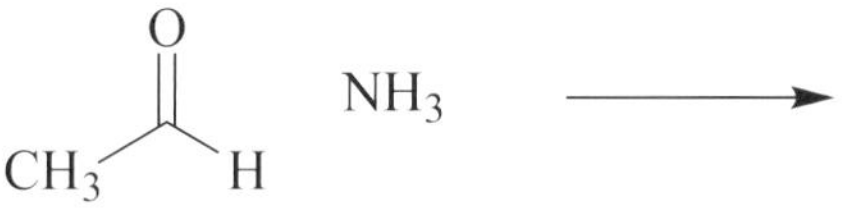

(f) CH₃-CH=N⁺(Ph)(H) + OH₂ →

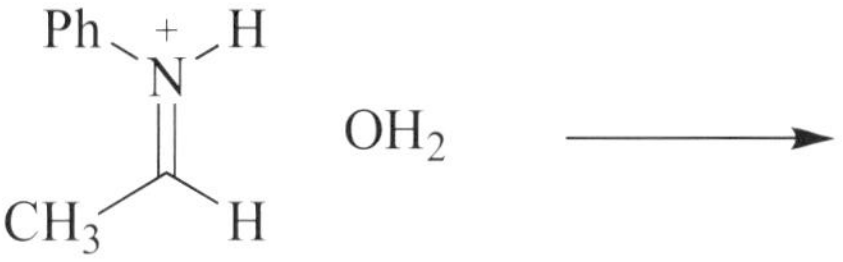

演習問題 3.6 下の反応式の下線部分に必要な非共有電子対と巻矢印を書き加えて，酸触媒エステル化の反応機構を完成しなさい（この反応式ではプロトン移動を簡略化して示している）．

演習問題 3.7 下の反応式の下線部分に必要な非共有電子対と巻矢印を書き加えて，アセタール生成の反応機構を完成しなさい．

アセタール生成の平衡反応：

$$CH_3CHO + 2\,C_2H_5OH \rightleftharpoons CH_3CH(OC_2H_5)_2 + H_2O$$

アセタール

アルケンへの付加： C=C 二重結合には動きやすい π 電子があるので，一般に求電子種（カチオンなど）と反応しやすい．

二重結合の π 電子対が新しい C–E 結合の σ 結合電子対になる．このとき非対称なアルケンでは求電子種がどちらの C と結合するか，配向性が問題になる．そのために結合をつくる C を明確に示すために，原子を突き抜けるような巻矢印（原子指定の巻矢印）を使うとよい．反応物の配置によって，矢印の形は変わるが配向性を正しく示すことが重要だ．

原子指定の巻矢印：

> 配向性：より安定なカルボカチオンを生成するように反応する．

不適当な反応物の配置のままに巻矢印を単純に書き込むと，間違った配向性を示すことになりかねない．次のような配置のままで原子指定の矢印を用いると，ぐるっと回った巻矢印になる．正しい生成物の原子配列に従って反応物を配置すると，巻矢印も書きやすい．

最初に生成したカルボカチオンは，さらに求核種と結合して付加反応を完結する．

問 3.21 プロペンへの HCl の付加は次のように進む．

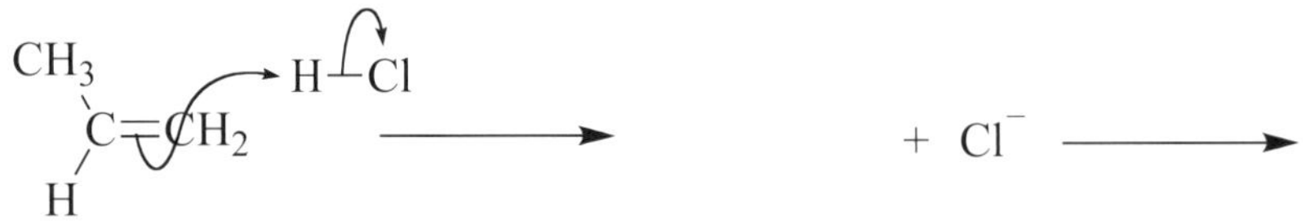

CH₃-CH=CH₂ + H-Cl → 21a_____ + Cl⁻ → 21b_____

問 3.22 臭素の付加も求電子的に進む．

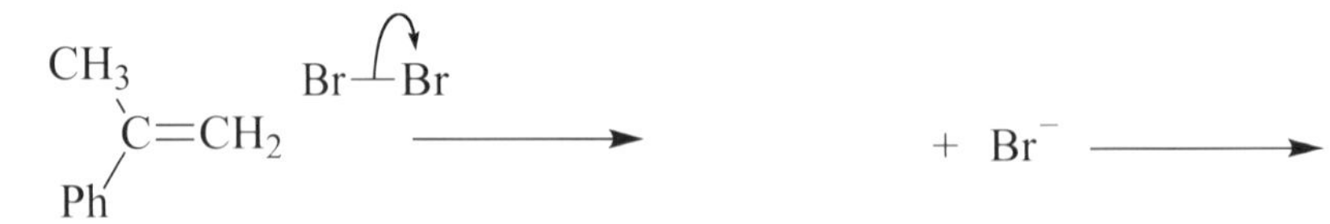

CH₃(Ph)C=CH₂ + Br-Br → 22b_____ + Br⁻ → 22c_____
22a_____
（巻矢印を書け）

臭素付加の中間体カルボカチオンには，C⁺ の近くに Br の非共有電子対があるので，分子内で結合をつくることができ，三員環のブロモニウムイオンを生成する．

$$\underset{Ph}{\overset{CH_3}{C^+}}-CH_2-\ddot{B}r: \rightleftharpoons \underset{Ph}{\overset{CH_3}{C}}\overset{Br^+}{-}CH_2$$

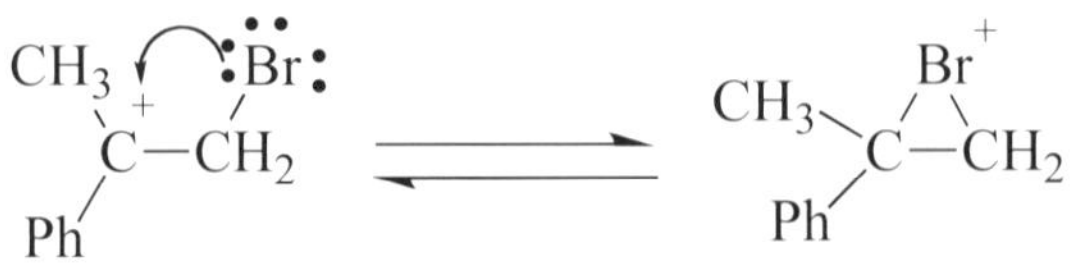

ブロモニウムイオン

問 3.23 カルボカチオンがあまり安定でなければ，最初からブロモニウムイオンを生成する．この付加反応の二段階目は S_N2 反応とみなせる．

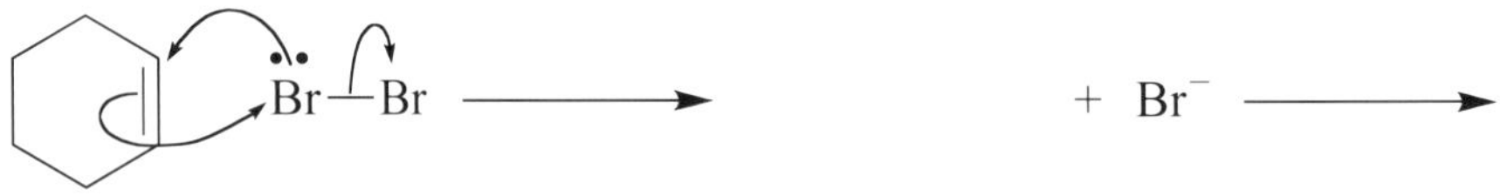

シクロヘキセン + Br-Br → 23a_____ + Br⁻ → 23b_____

ベンゼンの置換反応： ベンゼンの二重結合にも，アルケンと同じように求電子種が付加する．しかし，中間体のカルボカチオン（ベンゼニウムイオン）は求核種と結合するよりも，H⁺ を失って芳香族性を回復して安定化する．すなわち，付加–脱離で置換反応になる．

問 3.24 ベンゼンと Br_2 の反応はルイス酸が触媒作用を示す．ルイス酸はまず Br_2 と反応して求電子種をつくる．

$$Br-Br + AlBr_3 \longrightarrow Br-\overset{+}{Br}-\overset{-}{AlBr_3}$$

24a ────────
（必要な非共有電子対と巻矢印を書け）

24b ────────
（巻矢印を書き足せ）

⟶　　　　　　　＋　　　　　　＋ $AlBr_3$

24c ────────　24d ────────

中間体のベンゼニウムイオンは共鳴で表される．

24e ────────　24f ────────

問 3.25 アニソールのフリーデル・クラフツ反応は，主にオルトとパラ位で起こる．ハロアルカンとルイス酸の反応で求電子種が生成し，パラ位を攻撃すると次のように進む．

$$(CH_3)_2CH-Cl + AlCl_3 \longrightarrow (CH_3)_2CH^+ \ \overset{-}{AlCl_4}$$

25a ────────────
（必要な非共有電子対と巻矢印を書け）

25b ────────────
（必要な非共有電子対と巻矢印を書け）

25c ────────────
（巻矢印を書け）

$$\longrightarrow \qquad + \qquad + AlCl_3$$

25d ——————— 25e ———

演習問題 3.8 次の反応を完結しなさい．

(a) $(CH_3)_2C=CH_2 \quad {}^+C(CH_3)_3 \longrightarrow$ ————

(b) $\begin{array}{c}Ph\\ \diagdown\\ C=CH_2\\ \diagup\\ H\end{array} \quad H-Cl \longrightarrow$ ———— $\longrightarrow$ ————

(c) $\begin{array}{c}Br-Br\\ H_2C=CH_2\end{array} \longrightarrow$ ———— $\longrightarrow$ ————

(d) ⌬ $\begin{array}{c}O\\ \|\\ N^+\\ \|\\ O\end{array}{}^-OCOCH_3 \longrightarrow$ ———— $\longrightarrow$ ————

(e) CH_3-⌬ $\begin{array}{c}Cl^+\\ {}^-FeCl_4\end{array} \longrightarrow$ ———— $\longrightarrow$ ————

(f) CH_3O-⌬ $\begin{array}{c}CH_3\\ |\\ C^+\\ \|\\ O\end{array}{}^-AlCl_4 \longrightarrow$ ———— $\longrightarrow$ ————

演習問題 3.9 ビニルエーテルは酸性水溶液中で加水分解される．下線部分に必要な非共有電子対と巻矢印を書いて，反応機構を完成しなさい．

アルケンを生成する脱離反応： 二重結合を形成する脱離反応は，すでにカルボニル化合物の付加-脱離反応の過程でC＝O結合を形成する反応として出てきた．OからのH⁺の脱離は2段階で起こっていたが，1段階で書くと次のようになる．

ハロアルカンのC-H結合から強い塩基を使ってH⁺を引き抜くと類似の反応が起こり，C＝C結合を形成する．この脱離反応は実際にアルケンの合成反応として用いられる．

問 3.26 上の脱離反応において三つの巻矢印は，順番に電子対が押し込まれていくようすを示している．一つ目は t-ブトキシド（塩基）の酸素の 26a＿＿＿＿＿＿＿ が H と結合をつくるために使われることを示し，二つ目は C-H 結合の 26b＿＿＿＿＿＿＿ が C＝C 結合の 26c＿＿＿＿＿＿＿ になることを示し，三つ目の巻矢印は C-Br 結合の 26d＿＿＿＿＿＿＿ が臭化物イオンの 26e＿＿＿＿＿＿＿ になることを示している．

問 3.27　第三級アルキルハロゲン化物のようにヘテロリシスでカルボカチオンが生成できる場合には，求核種が結合すれば S_N1 置換反応になるが，塩基で H^+ を引き抜くとアルケンを生成する脱離反応（E1）になる．

27a ────── （巻矢印を書け）
27b ────── （巻矢印を書け）

問 3.28　アルコールの脱水反応は，酸触媒の作用によって進む．

28a ────── （非共有電子対と巻矢印を書け）
28b ────── （巻矢印を書け）
28c ────── （巻矢印を書け）

演習問題 3.10　巻矢印を書いて次の脱離反応を完結しなさい．

(a)

(b)

3.4 転位反応

転位反応は，分子内で結合の組み替えを行って，構造を変化させる反応である．その中でよく見られるのは，カルボカチオンの 1,2 転位である．電子不足の炭素の隣から H やアルキル基が**結合電子対**とともに移動する(H の移動は 1,2 ヒドリド移動ともいわれる)．

$$CH_3-\underset{H}{\overset{CH_3}{C}}-\overset{+}{\underset{H}{C}}-H \longrightarrow CH_3-\underset{H}{\overset{CH_3}{C}}-\underset{H}{\overset{H}{\underset{+}{C}}}-H$$

巻矢印は S 字形にして結合電子対が H とともに移動することを示す．結合電子対が H の方に所属することを表すために，矢印の出だしが H 側に凹になっている．単純な円弧の矢印を書くと，結合電子対は新しい C–C 結合電子対になり，H は H⁺ として外れることを示す．この点を区別しない教科書も少なくないが，電子対がどのような役割をしているかに注目して注意深く巻矢印を使おう．

$$CH_3-\underset{H}{\overset{CH_3}{C}}-\overset{+}{\underset{H}{C}}-H \longrightarrow \underset{CH_3}{\overset{CH_3}{C}}=\underset{H}{\overset{H}{C}} \;+\; H^+$$

問 3.29 メチル基が移動することもある．

$$CH_3-\underset{CH_3}{\overset{CH_3}{C}}-\overset{+}{C}H-CH_3 \longrightarrow \underline{\qquad}$$

問 3.30 転位反応は，より安定なカチオンを生成することが推進力になっているので，隣接の OH 基は転位を促進する．

$$CH_3-\underset{\ddot{O}H}{\overset{CH_3}{C}}-\overset{+}{C}H-CH_3 \longrightarrow \underline{\qquad}$$

問 3.31 環状化合物が環拡大を起こす場合もある．シクロヘキシルメチルカチオンからはシクロヘプチルカチオンが生成する．次のように置換基をもつ場合には二通りの転位が可能である．

31a ──────── （巻矢印を書け）

31b ──────── （形式電荷を書け）

31c ──────── （巻矢印を書け）

31d ──────── （形式電荷を書け）

演習問題 3.11 巻矢印を書いて次の転位反応を完結しなさい．

(a), (b), (c), (d)

3.5 エノールとエノラートイオンの反応

エノール化： α水素をもつアルデヒドやケトンは，エノール形の異性体構造をもつ．3.2 節で酸塩基反応の一つとして，カルボニル化合物からエノラートイオンが生成する反応を見たが，これはエノール生成の重要な反応過程になっている．

しかし，エノール生成反応は可逆であり，その平衡（互変異性平衡）は一般にカルボニル化合物に偏っている．

問 3.32 エノール化の逆反応は次のように起こる．

32a ―――――（巻矢印を書け）
32b ―――――（巻矢印を書け）

問 3.33 エノール化の平衡反応（正反応と逆反応）は酸触媒によっても促進される．

33a ―――――（非共有電子対と巻矢印を書け）
33b ―――――（非共有電子対と巻矢印を書け）

33c ―――――（巻矢印を書け）
33d ―――――（非共有電子対と巻矢印を書け）

エノールとエノラートの反応：

問 3.34 エノールの二重結合は電子豊富で，求電子種の攻撃を受けやすい．ケトンのエノールは，ハロゲンと反応してα-ハロケトンを与える．

$$\underset{\underset{\text{(巻矢印を書け)}}{34a}}{\overset{OH}{\underset{CH_3}{\diagdown}}C=CH_2} \xrightarrow{Br-Br} \underset{\underset{\text{(巻矢印を書け)}}{34b}}{\overset{+OH}{\underset{CH_3}{\diagdown}}C-CH_2Br} \quad Br^- \longrightarrow \underset{CH_3}{\overset{O}{\diagdown}}C-CH_2Br + HBr$$

エノラートイオンはさらに高い求核性をもち，α-ハロゲン化はハロホルム反応にまで進む．また，求核種としてカルボニル結合に付加したり，ハロアルカンと求核置換反応を起こしたりする．

問 3.35 メチルケトンを塩基性条件でヨウ素と反応させると，α-ヨウ素化を繰り返してヨードホルムを与える（ヨードホルム反応）．

[反応機構の図: 35a → 35b → 35c → 35d → 35e → 35f の一連の反応 (各段階に「巻矢印を書け」)，最終生成物として R-COO⁻ + HCI₃ (ヨードホルム)]

問 3.36 エノラートがカルボニル結合に付加すると，β-ヒドロキシカルボニル化合物（アルドール）が生成する．この反応はアルドール反応とよばれる．

3　反応機構　|　53

36a _____
（生成物アニオンと巻矢印を書け）

アルドール

問 3.37　プロパナールを塩基で処理すると，反応は次のように進む．

37a _____
（巻矢印を書け）

37b _____
（巻矢印を書け）

37c _____
（生成物アニオン）

問 3.38　アルドール反応は酸性条件でも進行する．求核性の低い中性のエノールは，プロトン化によって活性化されたカルボニル基に付加する．

38a _____
（巻矢印を書け）

38b _____
（巻矢印を書け）

38c _____
（巻矢印を書け）

問 3.39 エノラートイオンがエステルに付加すると，四面体中間体からアルコキシドが脱離してβ-ケトエステルを生成する．この反応はクライゼン縮合とよばれる．

問 3.40 1,3-ジカルボニル化合物は安定なエノラートイオンを生じる．このアニオンは S_N2 反応でアルキル化される．マロン酸エステルのアルキル化は次のように起こる．

問 3.41 マロン酸エステル生成物を加水分解して加熱すると，脱炭酸が起こり，アルキル化されたモノカルボン酸を与える．脱炭酸で最初に生成するのはエノールだが，ただちにカルボニル化合物に異性化する．

問 3.42 カルボニル基に隣接する C=C 結合には求核種が付加できる．最初に得られるエノラート生成物はプロトン化されて最終生成物になる．この反応はマイケル反応とよばれる．

42a ──────── (巻矢印を書け)

42b ──────── (巻矢印を書け)

42c ──────── (巻矢印を書け)

42d ──────── (最終生成物)

問 3.43 マイケル反応に続いて分子内アルドール反応が起こると環化生成物が得られる．この反応はロビンソン環化とよばれる．

43a ──────── (巻矢印を書け)

43b ──────── (巻矢印を書け)

43c ──────── (巻矢印を書け)

43d ──────── (巻矢印を書け)

43e ──────── (巻矢印を書け)

43f ──────── (巻矢印を書け)

演習問題 3.12 次の反応の機構を提案しなさい.

(a) $CH_3CHO + H_2CO \xrightarrow[H_2O]{NaOH}$ H(C=O)CH$_2$CH$_2$OH

(b) $2\ CH_3CH_2CO_2Et \xrightarrow[EtOH]{NaOEt}$ CH$_3$CH$_2$C(=O)CH(CH$_3$)C(=O)OEt

(c) 1,3-シクロペンタンジオン + $CH_2=CH-\overset{O}{\underset{\|}{C}}-CH_3 \xrightarrow[EtOH]{NaOEt}$ 生成物

奥山　格（おくやま・ただし）[工学博士]

1968年　京都大学大学院工学研究科博士課程修了
1968～1999年　大阪大学基礎工学部
1999～2006年　姫路工業大学・兵庫県立大学理学部
現　在　兵庫県立大学名誉教授

専　門　物理有機化学・ヘテロ原子化学

『有機化学』ワークブック
巻矢印をつかって反応機構が書ける！

平成 21 年 11 月 5 日　発　　　行
令和 5 年 7 月 20 日　第 9 刷発行

著作者　奥　山　　　格

発行者　池　田　和　博

発行所　丸善出版株式会社
〒101-0051　東京都千代田区神田神保町二丁目17番
編　集：電話03-3512-3263／FAX 03-3512-3272
営　業：電話03-3512-3256／FAX 03-3512-3270
https://www.maruzen-publishing.co.jp

Ⓒ Tadashi Okuyama, 2009

組版印刷・製本／三美印刷株式会社

ISBN 978-4-621-08179-2 C 3043　　　　Printed in Japan

JCOPY〈（一社）出版者著作権管理機構　委託出版物〉
本書の無断複写は著作権法上での例外を除き禁じられています．複写される場合は，そのつど事前に，（一社）出版者著作権管理機構（電話 03-5244-5088, FAX 03-5244-5089, e-mail：info@jcopy.or.jp）の許諾を得てください．

有機化学 改訂2版

奥山　格（兵庫県立大学名誉教授）
石井　昭彦（埼玉大学大学院理工学研究科）
箕浦　真生（立教大学理学部）著

B5判，432ページ，4色刷
本体価格 5,000円
ISBN 978-4-621-08977-4

もくじ

- 序　有機化学：その歴史と領域
- 1　化学結合と分子の成り立ち
- 2　有機化合物：官能基と分子間相互作用
- 3　分子のかたちと混成軌道
- 4　立体配座と分子のひずみ
- 5　共役と電子の非局在化
- 6　酸と塩基
- 7　有機化学反応
- 8　カルボニル基への求核付加反応
- 9　カルボン酸誘導体の求核置換反応
- 10　カルボニル化合物のヒドリド還元とGrignard反応
- 11　立体化学：分子の左右性
- 12　ハロアルカンの求核置換反応
- 13　ハロアルカンの脱離反応
- 14　アルコール，エーテル，硫黄化合物とアミン
- 15　アルケンとアルキンへの付加反応
- 16　芳香族求電子置換反応
- 17　エノラートイオンとその反応
- 18　求電子性アルケンと芳香族化合物の求核反応
- 19　多環芳香族化合物と芳香族ヘテロ環化合物
- 20　ラジカル反応
- 21　転位反応
- 22　有機合成
- 23　生体物質の化学

* ウェブサイトでは各章の補充問題と解答，考え方とヒントや，反応例，追加の解説を収載．ウェブにのみまとめた章も収載しています．

* オンラインテストにもチャレンジしてみよう．採点結果がでるので，自分の理解度を確かめることができます．